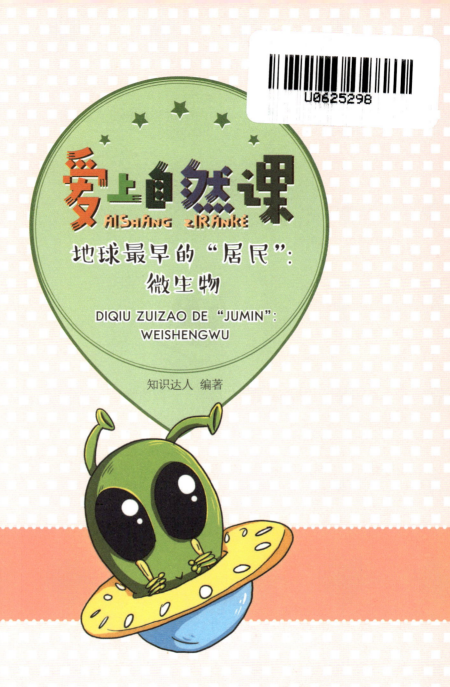

爱上自然课
AISHANG ZIRANKE

地球最早的"居民"：微生物

DIQIU ZUIZAO DE "JUMIN":
WEISHENGWU

知识达人 编著

成都地图出版社

图书在版编目（CIP）数据

地球最早的"居民"：微生物 / 知识达人编著.
—成都：成都地图出版社，2017.1（2021.6 重印）
（爱上自然课）
ISBN 978-7-5557-0328-0

Ⅰ . ①地… Ⅱ . ①知… Ⅲ . ①微生物—青少年读物
Ⅳ . ① Q939-49

中国版本图书馆 CIP 数据核字 (2016) 第 093957 号

爱上自然课——地球最早的"居民"：微生物

责任编辑：马红文

封面设计：纸上魔方

出版发行：成都地图出版社

地　　址：成都市龙泉驿区建设路 2 号

邮政编码：610100

电　　话：028－84884826（营销部）

传　　真：028－84884820

印　　刷：固安县云鼎印刷有限公司

（如发现印装质量问题，影响阅读，请与印刷厂商联系调换）

开　　本：710mm×1000mm　1/16

印　　张：8　　　　　字　　数：160 千字

版　　次：2017 年 1 月第 1 版　　印　　次：2021 年 6 月第 5 次印刷

书　　号：ISBN 978-7-5557-0328-0

定　　价：38.00 元

史密斯爷爷

美国人，大学教授，科学家、探险家，喜欢周游世界。他风趣幽默，知识渊博，深受孩子们的喜欢与爱戴。

鲁约克

十岁的美国男孩，性格质朴憨厚，喜欢美食，但做事时意志力不强。

龙龙

十岁的中国男孩，聪明机智，活泼好动，对未知世界充满好奇。

安娜

九岁的美国女孩，史密斯爷爷的孙女，文静、胆小，做事认真。

引言

这天，在史密斯爷爷的书房里，安娜、龙龙正在进行关于微生物话题的讨论。

"安娜，你知道世界上的微生物都有哪些吗？"龙龙问道。

"这个，我可回答不了。微生物可是一个庞大的生物群体，包括细菌、病毒、真菌以及一些小型的原生动物、显微藻类等。"安娜说道。

"你们在议论微生物，可什么是微生物呢？"鲁约克加入他们的讨论。

"微生物是指人类用肉眼看不到的微小的生物，要借助光学显微镜和电子显微镜才能看到它们。"安娜讲解道。

"是眼睛发现不了的东西啊？"鲁约克一副很不屑的样子。

"你可不要小看它哦，它对人类可是有着很重要的影响。最重要的影响之一就是导致传染病的流行，而传染病的发病率和病死率在所有疾病中可是占据第一位的哟。这足够让你重视它了吧！"龙龙说道。

"啊，微生物的影响这么大！"鲁约克吃惊地张大嘴巴。

"先闭上你的嘴巴，因为真正让你吃惊的还在后头呢。"安娜说，"微生物是地球上最早的生命形式，是一切生物的老前辈。有人做过这样的比喻："如果把地球的年龄比喻为一年的话，则微生物约在3月20日诞生，而人类约在12月31日下午7时许出现在地球上。'"

"天哪，我可真要对小小的微生物刮目相看了！"鲁约克做了一个很夸张的表情。

一直在旁听的史密斯爷爷，听到孩子们对微生物有这般的了解，又这么地好奇，感到非常高兴。他说道："孩子们，你们既然对微生物这么感兴趣，我们进行一场微生物世界探险之旅怎么样？"

"微生物世界探险之旅？应该很有趣，而且我也真的想了解一下微生物世界。我报名！"龙龙嚷道。

"我也想见识一下微生物王国！"安娜说。

"听着很酷，我也要参加！"鲁约克最后一个报名。

"那好，今天大家回去睡个好觉，明天一早我们就向微生物世界进发！"史密斯爷爷说道。

"太好了！"安娜、龙龙和鲁约克高兴地回到房间休息，准备用最好的状态迎接明天的未知世界。

第一章

神秘蘑菇园

　　一天傍晚，史密斯爷爷、安娜、龙龙和鲁约克探险回来。不久前刚下过一场雨，空气格外清新。三个孩子一路上蹦蹦跳跳的，龙龙还哼着歌。突然传来"哎哟"一声，原来是龙龙滑倒了。

　　这时，鲁约克嘲笑龙龙说："哈哈，摔了个四脚朝天吧！"

安娜忙上前扶起龙龙，说："龙龙，路很滑，小心点！"

扶起龙龙后，安娜发现地上有很多蘑菇。"爷爷，这里有很多蘑菇，快来看啊！"安娜喊道。

史密斯爷爷走上前，仔细一看，还真有很多蘑菇："呵呵，孩子们，蘑菇是微生物家族中的一员，我们的微生物探险之旅就由它开始吧！"

"史密斯爷爷，您之前不是讲过微生物是肉眼看不到的吗？这蘑菇我们可是都能清清楚楚看到的呀！"龙龙疑惑地问道。

"呵呵，蘑菇是一类大型真菌。"史密斯爷爷解释道。

"哦，原来这样啊！"龙龙应道。

史密斯爷爷继续讲解道："关于蘑菇，不同的地方有不同的叫法，比如双孢蘑菇、白蘑菇、洋蘑菇、菌子、蘑菇菌等，不过蘑菇一名比较通用。它由菌丝体和子实体两部分组成，菌丝体是营养器官，子实体是繁殖器官。其中菌丝体就是我们肉眼看不到的。

"由成熟的蘑菇孢子萌发成多细胞有横隔的菌丝，菌丝借顶端生长而伸长，呈白色，细长，先是棉毛状，后逐渐成丝状。菌丝互相缀合形成的密集群体就是菌丝体了。我们再来看看蘑菇的子实体，"史密斯爷爷指着一个蘑菇继续讲解道，"成熟蘑菇的子实体就像一把撑开的小伞一样。这是菌盖，这是菌柄，这是菌褶，这是菌环，这是假菌根。"

"原来，蘑菇的每个组成部分还都有名字啊！"这一发现，显然令鲁约克感到惊奇。

"你们见过这种蘑菇吗？"史密斯爷爷指着问道。

"没有！"孩子们异口同声地答道。

鲁约克问："史密斯爷爷，这蘑菇好小，而且形状真奇怪，您见过吗？"

史密斯爷爷沉思一会儿后，答道："我以前也没见过，不过我想这应该是世界上最小的蘑菇。"

"最小的蘑菇？难道它就是书上说的松茸？"安娜迫不及待地问道。

"嗯，应该是的。"史密斯爷爷回答说。

"那我们就来查证一下吧！"说着，安娜拿出相机，把蘑菇拍下来，然后传到网上。果然，在网上看到了一模一样的图片。看过相关的说明介绍后，安娜兴奋地说道："还真是呢，它就是世界上最小的蘑菇。网上介绍它主要生长在中国黑龙江红松林下！"

这时龙龙拍拍屁股，惊讶地问道："这就是生长在我的故乡的世界上最小的蘑菇？"龙龙俯下身细细观察，显得无比开心。

"嗯，我在书上看过，松茸是世界上体形最小的蘑菇。它味道鲜美，吃了对人体有很多好处。因此还被称为野生蘑菇之王呢！"安娜说。

他们一边走，一边继续聊着关于蘑菇的话题。"世界上究竟有多少种蘑菇啊？"鲁约克好奇地问。

"那可是太多啦！但具体数字还不大清楚，只知道仅能食用的蘑

菇就有三百六十多种呢。"史密斯爷爷回答鲁约克说。

　　"采蘑菇的小姑娘，背着一个大竹筐，清晨光着小脚丫，走遍森林和山冈。她采的蘑菇最多，多得像那星星数不清……"龙龙边唱边跳着，逗得大家哈哈大笑。

　　一路上，细心的安娜发现沿途有很多的蘑菇。后来，龙龙和鲁约克也注意到了这点，并产生了好奇心。于是，他们就循着蘑菇一直往前走。走着走着，一拐弯，眼前突然出现了一片

神秘的蘑菇园。放眼望去，这片蘑菇园就像一座五彩的花园，五彩缤纷，有红的、白的、灰的、绿的、紫的、黑的……形状各异，有的像伞，有的像云，有的像山峰……

"哇！好多的蘑菇！太神奇了！"三个孩子不由得惊叫起来。此时，连博学的史密斯爷爷也惊得张大了嘴巴。正当三个孩子要冲进蘑菇园观赏一番时，史密斯爷爷制止了他们。他说道："大家别进去，这些蘑菇和我们平时见到的很不一样，这里的很多蘑菇都是有毒的……"

"史密斯爷爷，哪些是有毒的蘑菇呢？如果我们能够辨别出而不去碰它们，就没事啦！"鲁约克插话说。

"看颜色，有毒蘑菇的颜色通常比较鲜艳，比如说红色、金黄色……也可以看形状，它们的形状也是比较奇特的。另外，它们的表面也不像可食用蘑菇那样平滑，通常会长一些补丁状的斑块。再者，也可以通过生长地带来区分它们，可食用的蘑菇多生长在清洁的草地或松树、栎树上，而有毒的蘑菇往往生长在阴暗、潮湿的肮脏地带。"史密斯爷爷讲解道。

听后，大家都点点头。再看看眼前的蘑菇园，龙龙惊讶地说道："那这里岂不是有很多有毒的蘑菇？"

"嗯，不错！"史密斯爷爷回答说。

"虽然很多蘑菇有毒，但是只要我们不吃就没事了。"安娜连忙说。

这时，大家想进蘑菇园近距离看蘑菇的热情更加高涨了。"史密斯爷爷，这可是一次难得的机会，让我们进去看看吧！"龙龙用渴望的眼神望着爷爷说。

"好吧！我们就一起去神秘的蘑菇园看看！"史密斯爷爷笑着说。

"走喽！向蘑菇园进发！"三个孩子欢呼着，向蘑菇园走近。

进到蘑菇园后，孩子们各自拿出自己的仪器，左瞧瞧，右看看。安娜发现一朵蓝蘑菇，是纯蓝色的，颜色很浓烈。她真想伸手去把它摘下来，但想到爷爷的话，她还是很谨慎地把手收了回来。

"爷爷，您来看看，这有一朵非常漂亮的蘑菇。"安娜喊道。

史密斯爷爷走近一看，说："嗯，的确很漂亮！"

"爷爷，您知道它的名字吗？"

"你看它的颜色就像湛蓝的天空一样，所以它叫天蓝蘑菇。它可

是世界上十大奇特蘑菇之一呢！"史密斯爷爷说，"2002年新西兰发行的一套包括6个本地菌种的邮票中就有它，同时它还出现在了新西兰储备银行1990年发行的50元钞票的背面。"

史密斯爷爷刚说完，又传来鲁约克惊喜的叫声："超级玛丽中的蘑菇王子！"

"超级玛丽中的蘑菇王子？在哪里？"龙龙问道。

安娜和龙龙走过去一看，惊讶地说道："还真是超级玛丽中的蘑菇王子啊！"

"是啊！以前只在游戏中见过，没想到今天就亲眼看到了。"鲁约克兴奋地说。

"那你们对眼前这个'蘑菇王子'知道多少？"史密斯爷爷问道。

大家沉思一会儿后，安娜说道："因为它的外形像伞，所以被叫作伞形毒菌。而且它还有很多不同的亚种，不同的亚种有不同的颜色，红色、黄色、粉红色……"

"它还有另外一个名字叫捕蝇菌。德国哲学家大阿尔伯特曾经在他的著作中说过：'它被叫作捕蝇菌，因为把它放在牛奶中它就能杀死苍蝇。'"龙龙补充说。

　　鲁约克接着说："由于外形可爱，很多装饰物的图案都是它呢。"

　　"小家伙们，看来你们对伞形毒菌很有了解啊！"史密斯爷爷赞扬说。

　　听到史密斯爷爷的赞扬，安娜、龙龙和鲁约克都开心地笑起来。

　　突然，一声口哨打破了寂静。正当大家感到奇怪时，又传来一声。"这周围也没人呀，怎么会有口哨声呢？龙龙，是你在吹口哨吗？"鲁约克不解地问。

　　"没有啊！我没有吹口哨！"龙龙回答。

看着大家东张西望，一副疑惑的样子，史密斯爷爷笑着说："这是蘑菇在吹口哨。"

　　"蘑菇也会吹口哨吗？"安娜问。

　　"是的，世界上有一种会吹口哨的蘑菇，它叫恶魔雪茄。因为它是在美国得克萨斯州发现的，又被叫作得克萨斯之星。最近，在日本奈良的群山中也发现了它。常态下，菌盖是深褐色雪茄形状的。当它释放孢子时，菌盖就会变成黄褐色的星星。而口哨声就是伴随着释放孢子发出来的。"史密斯爷爷向大家解释说。

　　天色渐渐暗下来。"孩子们，我们该回去了。"史密斯爷爷说

道。就在大家正准备回去时，龙龙看见一簇闪烁的绿色荧光。他喊道："大家快看，那是什么？"

"哇！好美的绿光啊！"鲁约克脱口喊道。

"世界还真奇妙啊！蘑菇居然也会发光。"安娜说，"爷爷，这不会是书上说的世界上十大奇特蘑菇之荧光小菇吧？"

"没错，它就是荧光小菇。有很多植物都会发光，以后你们晚上看到这种光不要害怕。尽管它的发光原理至今还没有准确的科学解释，不过和萤火虫是有差别的。所以你们不要混淆了哦。据说在特洛伊战争时，阿格麦穆隆王的宫殿里就摆有这样淡绿色的灯呢。"史密斯爷爷讲解说。

接着，史密斯爷爷说道："好啦，孩子们，蘑菇园的探秘就到这里吧，我们回去了！"

"好吧！虽然有些不舍，但是我预感到我们的微生物探险之旅将

　　会是一段非常奇妙的旅程！我已经迫不及
待地想要结识下一个微生物了。"龙龙说道。

　　"嗯，我也有同感！"安娜表示赞同。

　　"我也有！"鲁约克附和着说道。

　　"呵呵，好的，更精彩的未知世界在前方等待着你们呢！"看到孩
子们兴致如此高涨，史密斯爷爷欣慰地笑起来。

　　回去的路上，他们一行四人你一言我一语地谈论着。

【吃蘑菇的好处】

一、蘑菇含有助于心脏健康的营养成分，并能增强免疫力；二、含有丰富的维生素D，有益于骨骼健康；三、蘑菇有着很强的抗氧化能力，可以有效延缓衰老；四、有的蘑菇中纤维素含量比一般蔬菜还要高，能有效防止便秘。怎么样，蘑菇的功效不一般吧！

第二章
与脚气战斗到底

　　这天，史密斯爷爷带着龙龙、安娜和鲁约克去拜访自己的好友张爷爷。一进门，见到张爷爷正坐在院子里的大榆树下，可是满脸却很痛苦的样子。

　　"老张，你怎么了？好像不太高兴啊？"史密斯爷爷关切地问道。

　　"亲爱的老朋友，你来了，欢迎欢迎！"说着，张爷爷赶紧站起来和史密斯来了个热情的拥抱。

　　"来来来，孩子们，这是张爷爷。"史密斯爷爷热情地向孩子们介绍。

　　"张爷爷好！"安娜、龙龙和鲁约克齐声问候道。

　　"老张，你最近遇到什么烦心的事了吗？"史密斯爷爷再次问道。

　　"唉，别提了，不知道怎么搞的，我竟然得了脚气。真是太难受了！"张爷爷说完，深深地叹了口气。

　　龙龙听到这里，立即问道："史密斯爷爷，什么是脚气啊？它有哪些症状？"听到龙龙的提问，安娜和鲁约克也好奇地睁大

了眼睛，等待着史密斯爷爷的回答。

看着三个孩子期待的表情，史密斯爷爷笑着答道："脚气是足癣的俗名，也称'香港脚'，是一种极常见的真菌感染性皮肤病。真菌在人的脚趾之间滋生，便引发了脚气。触发脚气的常见菌种有红色毛癣菌、石膏样毛癣菌、絮状表皮癣菌、玫瑰色毛癣菌等。这些菌种是在皮脂腺分泌的皮脂和脚汗的推动下，再加上不注意脚部卫生产生的。菌种产生，脚气就很容易发生了。"

"是皮肤病？那怎么不去医治啊？"鲁约克问。

"不是那么简单就能治好的。冬天的时候，脚气还比较轻一些，但一到夏天，就变得严重了，所以也非常痛苦。"史密斯爷爷停顿了一下，继续说道，"脚气看起来不算是什么大的疾病，可是危害可不小。它不但会引起皮肤瘙痒、脱皮等症状，还会引起灰指甲、淋巴管炎、丹毒等严重的疾病，少数人甚至还有生命危险。可谓贻害无穷啊！"

　　"啊，这么严重？"安娜和鲁约克齐声惊呼道。

　　"史密斯爷爷，听说这种病是不能根治的，对吗？"龙龙想了一下，小声问道。

　　"唉，没错。很多人年年治，脚气却岁岁发，因此被很多人误以为不能根治。正是一些患者认为脚气是小病而不加以重视，才导致脚气终年不愈，反复发作的。"说至此，史密斯爷爷叹了一口气，接着说道，"脚气可不是小事，不是随便应付一下就行了的，一旦恶化，会带来巨大的痛苦。而实际上，脚气是完全可以治愈的，关键在于重视和坚持。"

　　"那这种病会不会传染啊？"安娜想了想，问道。

  史密斯爷爷整理下思绪，回答道："这要先理清楚它的传播方式。在温度和湿度适宜的条件下，脚气会通过毛巾、鞋袜的共用传播，造成传染。孩子穿了父母患有脚气的鞋，或者共用毛巾，患上脚气的可能性非常大。"

  "啊，是这样！"鲁约克惊叹道，"以前爸爸妈妈的脚特别臭，是不是他们都患了脚气啊？"

  "孩子，不用担心。脚臭和脚气是两个完全不同的概念。在多汗条件下，脚上的细菌大量繁殖并分解角质蛋白，再加上汗液中的尿素、乳酸，会造成脚臭。而判断是否患脚气的主要依据是镜检有无真菌，镜检呈阳性者才是患了脚气。"

"原来是这样，刚才吓死我了。"鲁约克拍了拍胸脯，夸张地说。

"孩子们，有些事情我需要提醒你们……"史密斯爷爷考虑了一下，认真地说。

望着史密斯爷爷认真的表情，安娜、龙龙和鲁约克停止了玩闹，仔细听着史密斯爷爷讲话。

"脚气是可预防的！只要大家认真对待，注意生活中的细节，就可以避免。"看着孩子们认真的表情，史密斯爷爷和蔼地点了下头，接着说道，"首先，要注意清洁，保持皮肤干燥，保持脚部清洁，而且要勤换袜子。"

"哈哈，龙龙你听到了没，说你呢。你每次踢完球回来都不换袜子，而且脏袜子总是到处乱扔，再这样下去会得脚气的哦。"听到史密斯爷爷的话，鲁约克和龙龙打趣道。

"我知道了，我会改的！"不知道是被脚气吓到了，还是被鲁约克取笑感到不好意思，龙龙红着脸低下了头，小声嘀咕着。

这时，安娜站了出来，说道："好了！好了！我们听爷爷继续往下说吧。"

"其次，少穿运动鞋、旅游鞋等不透气的鞋子，以免造成脚汗过多。趾缝紧密的人可用草纸夹在中间或选择分趾袜，以吸水通气。"

听到这儿，一直在一旁当看客的张爷爷嘴角不自觉地抽搐了一下。原来，张爷爷平时穿的鞋都是他儿子穿过的旅游鞋。"看来，以

哎呀！

后要少穿旅游鞋了，明天就去买双透气点的鞋。"张爷爷暗自下了决心。

"爷爷，您说的这两点总结一下，是不是提醒大家尽量不要让脚多出汗啊？"安娜动了动小脑袋，问道。

"回答正确，就是要防止脚多出汗。"史密斯爷爷对安娜赞许道，"除此之外，还有两点是我要提醒你们的。一是不要和别人共用拖鞋、浴巾、擦布等，不要在澡堂、游泳池旁的污水中行走。二是要注意鞋柜的通风，要经常晾晒。如果鞋柜不能移动，要定期用消毒液擦洗，或者放入干燥剂祛除潮气。鞋柜里鞋的摆放，最好按家庭成员，分出不同的鞋区，如男用、女用、儿童用等区域。此外，常用和不太常用的也要区分开来，以避免相互间传染。"

"嗯，爷爷，我们记住了！"安娜、龙龙和鲁约克齐声说道。

"哈哈，来来来，孩子们，到张爷爷这边来。张

爷爷为你们准备了丰盛的晚餐，都过来吃吧。"原来，由于他们谈论得太投入，不知不觉已经到了晚餐的时间。

"谢谢张爷爷。"说完，孩子们就兴冲冲跑去吃饭了。

【灰指甲】

灰指甲也叫甲癣，是由皮癣菌所引起的。一般是从一两个指（趾）甲开始发病，严重的时候则所有的指（趾）甲都患病。患有灰指甲疾病时，指甲盖会失去光泽，时间长了，就会变形，厚度增加，呈现白色、浊黄色，甚至还会出现破损脱落的严重症状。

消毒液

干燥剂

第三章

金色葡萄球菌引起的食物中毒

这一天上午，安娜和龙龙去史密斯爷爷家玩。

史密斯爷爷见鲁约克没来，很纳闷问："怎么今天少了一个人呀？鲁约克为什么没跟你们一起来？"

安娜发愁地说："唉，鲁约克生病了。因为吃了不干

净的东西，一直拉肚子、恶心，现在还在医院里打点滴呢。我们准备一会儿过去看看他。"

　　龙龙也说："听说是因为吃了隔夜的糯米团子。嗯，医生的诊断结果好像是什么金色葡萄'酒'菌引起的食物中毒。"

　　史密斯爷爷重复道："金色葡萄'酒'菌？哈哈，龙龙，你是不是听错了呀？应该是金色葡萄球菌吧！"

　　"哦哦，对对！"龙龙不好意思地拍拍脑袋，"是金色葡萄球菌。"

　　史密斯爷爷宽慰他们："这个病不严重，鲁约克很快会好起来的，你们不要担心，等会儿咱们一起去医院看看他。"

　　两个孩子一起点头。安娜又问："爷爷，金色葡萄球菌是一种什么细菌啊？鲁约克可被它害惨了。"

　　史密斯爷爷说："金色葡萄球菌又被称为金葡菌，是一种很常见的致

病细菌。它在自然界中无处不在。比如空气中，水和灰尘里，还有人和动物的排泄物里都能找到它的影子。正因为它广泛存在，所以食物很容易受到它的污染。如果食物被金色葡萄球菌污染，就可能会造成进食者食物中毒。不过这种食物中毒跟感染类食物中毒不同，是因为金色葡萄球菌产生的肠毒素，而不是细菌本身。"

龙龙问："就是说，金色葡萄球菌会产生肠毒素，然后肠毒素又会导致进食者食物中毒，对吗？"

史密斯爷爷点点头："肠毒素是一种蛋白质毒素，会使人出现恶心、呕吐、腹泻等症状。"

安娜想了想，问："如果把食物加热之后再食用，能不能消灭肠毒素呢？"

史密斯爷爷说："肠毒素很耐热，即使以100℃的高温加热30分钟，它也不会被破坏掉。因此，食物一旦变质就不要再去吃它，这是最好的避免食物中毒的办法。"

龙龙说："可是您刚才也说，金色葡萄球菌无处不在，很容易就会混到食物里啊……"

史密斯爷爷笑了，说："没错，是这样的。但是与

肠毒素不同，金色葡萄球菌的耐热性很低，只要把食物加热到70℃以上，几分钟就能把它们完全杀死。所以，充分煮熟的食物里不会有活的金色葡萄球菌，自然就不会造成食物中毒啦。"

两个孩子都点点头表示听明白了。

史密斯爷爷又说："其实，如果食物没变质的话，即使是在没有充分加热的情况下，食物中残存的金葡菌活菌也不会对人体造成危害。因为健康人体的消化道足以抵挡它们的入侵。"

龙龙认真地想了想，说："鲁约克这家伙，一定是粗心大意，把已经变质的糯米团给吃下去了，这才得了病。"

安娜也说："下午去看他的时候一定要好好批评他，以后可别再胡乱吃东西了。"

史密斯爷爷赞许地点头，说："你们两个也要注意。现在天气热，食物很容易变质。气味不对或者颜色不对的食物一定要仔细看清楚是否变质了，变质的食物千万不要吃。而且吃东西一定要注意卫生，要好好洗手，使用干净的、消过毒的餐具。食物要吃新鲜的，饭菜一定要吃加热过的。这样才能有效避免食物中毒。"

龙龙和安娜都点头表示记住了。

安娜问："爷爷，金色葡萄球菌为什么有这么好听的名字？是因为它是金色的，样子长得像葡萄吗？"

史密斯爷爷被逗笑了，说："来，我这里有显微镜，你们来看看它的样子好了。"

于是，两个孩子跟着史密斯爷爷来到他的办公桌旁，凑过去在显微镜下仔细观察了金色葡萄球菌的样本。

　　龙龙兴奋地说："还真的是金黄色的，而且也像葡萄一样，一串一串地聚集在一起。"

　　安娜也若有所思地说："怪不得叫这样的名字呢。"

　　史密斯爷爷说："典型的金色葡萄球菌是球形的，会排成葡萄串状，并且能产生金黄色的色素，所以才有了这个形象的名字。"

　　龙龙问史密斯爷爷要了一张金色葡萄球菌的图片，准备见到鲁约克时把这种微生物的相关知识详细地讲给他听。"鲁约克都因为它生病了，总得对它有所了解呀！"龙龙说道。

　　安娜有些不安，说："爷爷，您经常观察这些微生物，一定要记

得勤洗手啊。比如看完这个金色葡萄球菌，就要好好洗手才行，万一被感染了就会生病吧？"

史密斯爷爷笑着说："你说得没错。不过安娜，你也不用这么紧张。我们健康人对金色葡萄球菌还是有很强的天然抵抗力的。只要皮肤没有破损、免疫力正常，就完全可以跟它们和平共处。其实我们很多人的皮肤表面和上呼吸道上都带有金色葡萄球菌，但一般不会因此生病。可是对于身体状况差、免疫力低下的人来说，这种病菌就有可能成为致命杀手。"

说完，史密斯爷爷就招呼两个孩子："来，咱们都去卫生间，好好把手洗干净，然后去买点营养品，再到医院看望我们的朋友鲁约克吧。"

第四章

奇妙的发酵之旅

在去一家酒厂的路上，史密斯爷爷和三个孩子坐在路边休息。走了一上午的路，大家都觉得很累，尤其是鲁约克，一路上他都嚷着肚子饿："肚子咕咕叫了，走了这么久的路，要是能吃一顿大餐该多好！"

"哈哈哈，"龙龙大笑起来，说

道，"你就总也不会忘了吃！"

"吃有什么错，鱼、肉，都在哪里？"说着，鲁约克四下望去，做出寻找样，逗得大家哈哈大笑。

"吃，暂时可能解决不了，但是我们倒是可以讨论讨论喝的。"史密斯爷爷开口说。

"喝的？"龙龙疑惑地看着史密斯爷爷。

"对，"史密斯爷爷慈祥地问道，"你们忘了我们今天要去的是哪儿了？"

"酒厂啊！"鲁约克接话说。

"可我们不知道为什么去！"龙龙说道。

"呵呵，酒你们都见过吧？"史密斯爷爷问。

球形

柠檬形

腊肠形

……

卵圆形

椭圆形

无鞭毛

藕节形

"嗯！嗯！"三个孩子猛点头。

"那你们知道它是怎样制作出来的吗？"史密斯爷爷问道。

"不知道。"这回孩子们又齐摇头。

"制作酒的过程就涉及我们今天要认识的微生物。"史密斯爷爷说。

史密斯爷爷的话引起了三个孩子极大的兴趣，龙龙兴奋地说："太好了，微生物世界探险之旅又要开始了！"

"那大家就加把劲，我们向酒厂进发！"史密斯爷爷说道。

"好！"三个孩子都有了力气。

路上，史密斯爷爷向他们讲解有关酿酒的一些知识。

"和酿酒相关的微生物是酵母菌。"史密斯爷爷说道，"酵母菌是一些单细胞真菌，比如子囊菌、担子菌的通称，是人类文明史上发现和应用最早的微生物。在自然界中，有着较广泛的分布，主要生长在偏酸性的潮湿的含糖环境中。目前已发现的酵母菌有一千多种，根

据产生孢子的能力可分成三类：子囊菌、担子菌和不完全真菌，也叫'假酵母'。其中子囊菌和担子菌可形成孢子，不完全真菌不形成孢子，它主要通过出芽生殖进行繁殖。

"酵母菌的形态通常为球形、卵圆形、腊肠形、椭圆形、柠檬形或藕节形等，无鞭毛，不能游动，具有真核细胞的典型结构，有细胞壁、细胞膜、细胞核、细胞质、液泡、线粒体等，有的还具有微体。

"由于容易培养，而且生长迅速，所以酵母被广泛应用于现代生物研究中。例如，酿酒酵母就是遗传学和分子生物学的重要研究材料。"

不知不觉，他们一行就来到了酒厂前。进到酒厂，他们先解决了鲁约克的问题，大家美美地吃了一顿。

"孩子们，开工吧！"饭后，休息一会儿后，史密斯爷爷号召道。

首先，史密斯爷爷带他们参观酿酒的流程。

第一个环节就是发酵。他们看到，很多工人把成堆的粮食密封起来。看到这里，龙龙的心头突然有了个疑问，他问道："史密斯爷爷，发酵就是简单地把酵母菌放在粮食里面吗？"

"就是，就是，"一旁的安娜也忍不住问道，"爷爷，为什么发酵的时候要封闭起来呢？不封闭就不能发酵吗？"

史密斯爷爷解释道："酵母菌属于兼性厌氧微生物，在有氧气和没有氧气的条件下都能够生存。在有氧的情况下，它进行有氧呼吸，也就是我们说的吸收氧气，呼出二氧化碳。在氧气缺乏时，它就进行无氧呼吸，通过把粮食中的养分转化成乙醇和二氧化碳，获得能量。乙醇就是酒精。"

"原来是这样啊！密闭就是为了让酵母菌进行无氧呼吸。"安娜说道。

"呵呵，对！"史密斯爷爷说道。

"除了发酵以外，酿酒还有哪些步骤啊？"龙龙问。

"就让我们一起来看看吧！"史密斯爷爷说。

继续往前走，他们看到：发酵好的粮食被放入一个特制的巨大筒形容器里。有很多人在这个容器的四周为其加温。这个巨大容器的顶部伸出一根大管子。

"这一环节叫蒸馏。"史密斯爷爷介绍说。

"蒸馏是什么呢？"鲁约克问道。

"你知道酵母菌发酵出的酒是怎么提取出来的吗？"史密斯爷爷并没有立即回答鲁约克的问题，而是这样问他。

"不知道啊。"鲁约克一脸茫然，"史密斯爷爷，您为什么会问我这个问题呢？"

"我觉得蒸馏肯定就是把酒给提取出来吧！"龙龙说。

　　“可怎么提取的呢？”安娜说。

　　“龙龙说得对。这一步骤就是把酵母菌产生的酒精提取出来。”史密斯爷爷说道，“酒精的沸点很低，一旦加热到78℃左右，酒精就会变成气体。蒸馏就是给被酵母菌发酵过的粮食加温，让藏在其中的酒精以气体的形式挥发出来。收集这些气体，再给它们降温，就能得到液态酒精了。我问问你们，你们知道由气体变成液体的过程叫什么吗？”

　　“冷凝！”安娜答道。

　　“答对了！你们要向安娜学习，平时多看些书！”史密斯爷爷慈祥地说道。

　　“你们注意到大容器顶部那根管子了吧？”史密斯爷爷问。

　　“嗯！”孩子们答道。

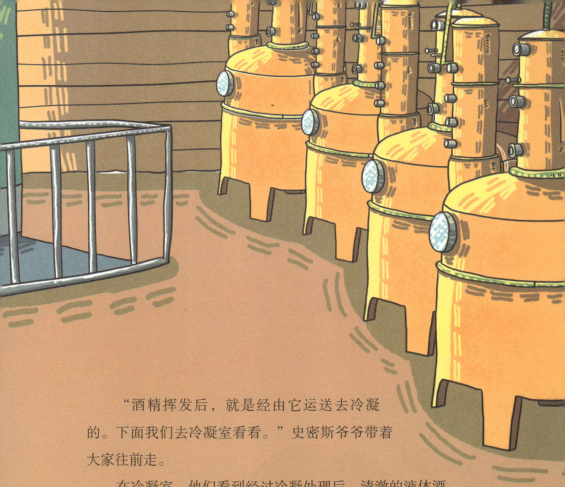

　　"酒精挥发后，就是经由它运送去冷凝的。下面我们去冷凝室看看。"史密斯爷爷带着大家往前走。

　　在冷凝室，他们看到经过冷凝处理后，清澈的液体酒精从管子里流了出来。

　　"好清澈的酒，我真想尝上一口！"鲁约克说。

　　"现在这酒还不能喝。它的酒精浓度是很高的，还要加水稀释才行。"史密斯爷爷说。

　　"怪不得呢。"只听龙龙说道，"那么一大堆粮食就酿出了这么一点酒，我还纳闷呢！"

　　参观完酒厂，三个孩子兴致勃勃地围着史密斯爷爷问个不停。

　　"难道仅仅酿酒用到了发酵吗？"安娜问道。

　　"当然不是了。平常我们家里烤面包时也需要发酵呢！"史密斯爷爷说，"而且用的也是酵母菌！"

"真的吗？这究竟是怎么回事？"鲁约克问道。

"刚才我们已经说过了。"史密斯爷爷说，"酵母菌在无氧的情况下，产生酒精和二氧化碳。在酿酒过程中，有用的是酒精；而在蒸馒头或烤面包的过程中，有用的则是二氧化碳。人们在和好的面粉中加入酵母菌进行发酵，产生的二氧化碳会在面团内部形成很多小气孔。正是因为这些小气孔的存在，馒头和面包才蓬松可口。"

"看来发酵在生活中还真常见呢！"安娜感慨地说。

"呵呵，是这样的。发酵的用途可不小呢！"史密斯爷爷说，

"在我们的日常生活中，酸奶、醋、食品添加剂、饲料等等都离不开发酵。"

"既然同样是发酵，那为什么得到的产物会不一样呢？"鲁约克问。

龙龙接过话，说道："我猜测是因为发酵用的酵母菌不一样。史密斯爷爷刚刚不是说酵母菌有一千多种呢吗！"

"没错，龙龙说得很对，"史密斯爷爷说，"尽管用来发酵的细菌不一样，但它们都有一个共同的特点，就是它们都能够在没有氧气的情况下进行新陈代谢，产生类似酒精的一些产物，而这些产物很多

都是能够被人类利用的。

　　"发酵在生活中很常见。古人很早就发现可以利用发酵来满足自己的生活所需。比如，在两千年之前人们就发明了酒。不过那时候由于条件所限，酿出来的酒的度数都很低，比不上现在的。"

　　"史密斯爷爷，发酵是随随便便就可以进行的吗？"龙龙问。

　　"发酵的效率也有高有低。"史密斯爷爷说，"现代技术的发展可以创造出最适合微生物发酵的条件。这样发酵出来的东西纯度高，更符合人的要求，更能满足人的需要。"

　　"我们已经见识了酒精发酵，还有其他种类的发酵没有见识过呢。真想去看一看！"安娜说。

　　"发酵跟我们的生活这么密切，还愁没有机会吗？"龙龙说道。

　　"就是，就是。连蒸馒头都应用了发酵呢！"鲁约克附和着说。

　　"孩子们，"史密斯爷爷笑呵呵地说道，"我们的这次酒厂之旅到这就结束喽！我们回去准备我们的下一次旅行吧！"

　　"好！"孩子们齐声答道。

【发酵罐】

　　发酵罐是工业上用来进行微生物发酵的装置。主体为主式圆筒，通常是由不锈钢板制成的。其容积为有大有小。发酵罐在设计和加工中，极其注意结构的严密和合理。内部附件尽量减少，避免死角。普遍具有能耐受蒸汽灭菌、可操作性、物料与能量传递性能强，并可进行一定调节以便于清洗、减少污染，适合多种产品的生产以及减少能量消耗等特点。

第五章

醋厂的探秘

一天晚上，史密斯爷爷和三个孩子正在吃晚饭。突然，龙龙说道："哇，这个凉菜真好吃呀！"

鲁约克试探地尝了一口，皱着眉头说道："我怎么觉得酸酸的。史密斯爷爷，这菜是不是坏了呀？"

"这你都不知道？这是因为里面加了醋，所以才有一点酸味，但我也觉得味道不错呀！"没等史密斯爷爷回答，安娜便抢着说道。

"其实，醋不但是一种调味品，而且用处也非常多呢！它可以杀菌、消毒等等。如果我们在洗澡的时候，加一点点醋，洗完后还会感到格外地凉爽。"

"我也知道，如果烧水的水壶中堆积了很多水垢，用醋也可以清除掉。"龙龙也抢着回答道。

"这醋的作用还真大啊！"鲁约克赞叹道。

晚饭后，关于醋的话题还在继续。

"这醋真神奇！爷爷，我还想了解更多有关醋的知识。它跟我们正在探究的微生物一定也有关系吧！"说完，安娜望向史密斯爷爷。

"呵呵，那明天我们就到醋厂去转转。想必你们一定会有大发现。"史密斯爷爷说。

"好啊！好啊！"龙龙附和说，安娜也表示非常赞同。

第二天一早，他们就乘车出发了。没用多长时间，他们来到一家小酒厂。从谈话中，三个小孩得知这个酒厂规模很小，但历史却很悠久。

厂长得知他们的来意后，热情地接待了他们，并允许他们进入里面去看看。于是，史密斯爷爷带着三个孩子来到小酒厂后面酿酒的地方。

"史密斯爷爷，我们不是要去醋厂探秘的吗？怎么来酒厂了？"龙龙质疑道。

望着一脸茫然的孩子们，史密斯爷爷问道："你们知道'醋'字

怎么写？"

　　"左边一个'酉'，右边一个'昔'。"安娜抢着回答道。

　　"嗯，'酉'有酿酒的意思，'昔'是往日的、陈旧的意思，'醋'字合起来就是往日的、陈旧的酒。醋是经过酒酸化后形成的。"史密斯爷爷解释说。

　　"陈旧的酒就成醋了？"龙龙追问道。

　　"嗯，书上说醋是经过以曲作为发酵剂来发酵酿制的。"安娜解释道。

　　"发酵？那就一定涉及微生物喽！"龙龙的眼中放出光来。

　　"我知道的也就是这些。"说完，安娜向史密斯爷爷望去。

　　"嗯，跟醋相关的微生物是根霉。"史密斯爷爷缓缓地说道，

　　"中国古代酿造食醋所采用的两大主要曲种都是以根霉为主的。"

　　"根霉？我听过，它的用途非常广泛。"鲁约克插话说。

　　史密斯爷爷赞许地点点头，继续说道："没错，根霉是酿造工业常用的糖化菌。它能生产诸如延胡索酸、乳酸等有机酸，还能产生芳香性的酯类物质。同时，它也是转化甾族化合物的重要菌类。

　　"在分类上，根霉属于接合菌亚门，接合菌纲，毛霉目，毛霉科，根霉属。菌丝无隔膜，有呈指状或根状的褐色分枝和发达的假根。孢囊梗从假根处向上丛生直立或稍许弯曲，顶端膨大形成球形或近似球形的孢子囊，囊内产生呈椭圆形、球形或其他形呈黄灰色的孢

囊孢子。根霉的孢子可以保存在固体培养基内，而且其生命力能长期保持。"

三个孩子专注地听着，没人提问，也没人插话。因为他们对根霉实在是太陌生了。

这时，好奇的龙龙一个人向前走去。不知怎么搞的，他竟一下子掉进了醋缸里，全身上下都是醋味。

鲁约克开玩笑说："龙龙，你真是爱吃醋啊！"

"我是爱吃，可也不是这么个吃法啊！"龙龙回答道。

"醋能够起到杀菌的作用，你就权当是给自己消毒杀菌了吧！"安娜笑着说。

史密斯爷爷看着三个孩子，说道："大家现在知道醋和哪种微生物有关了吧。但是，大家还要注意一个问题，不是任何人都适合吃醋的。"

"咦，爷爷，难道吃醋还分人吗？"安娜感到很奇怪。

"是的，比如说患有胃病的人就不能吃。"史密斯爷爷回答道。

"史密斯爷爷，这是为什么呢？"鲁约克不解地问道。

"因为醋本来是酸的。如果患有胃病，就会导致胃酸过多，引起胃病的复发。"史密斯爷爷继续耐心解答着。

"哦，原来是这样啊，幸亏我没有胃病！"龙龙感叹地说。

史密斯爷爷带着三个孩子又参观了一番，之后就高高兴兴地回家了。

第六章

引发慢性支气管炎的病菌

北国的冬天，狂风呼啸着，四处白茫茫的，可真是严寒刺骨。这天，史密斯爷爷和三个小伙伴一行走进一片森林。

"这里的空气真新鲜啊！"安娜赞叹道。

"是啊！不仅是因为这里的树木比较多，而且和这里的雪也有关系吧！"龙龙说道。

　　"我知道！雪可以净化空气。"鲁约克接着说。

　　大家边走边聊着……脚下发出"咯吱"的声响。

　　这条小路还真是陡峭崎岖，他们几次都差点滑倒了。站到山顶，调皮的小家伙们终于舒了一口气。

　　"啊！终于到了！"龙龙张开双臂，对着天空呼喊道。

　　"终于到了，累死了。"鲁约克接着说。

站在山顶向下俯瞰，整个世界都是白色的。白的树木，白的田野，白色的屋顶。

"还真有一览众山小的感觉呢！"安娜慨叹道。

"你们看，那是什么？"鲁约克指着天边飘着的淡淡白烟问道。

"那是炊烟吧？难道有人家？"龙龙的话引起了大家的好奇。

大家向前走去，果然在树林里看到了一座小房子。房子是用茅草搭成的，很是简单。

"有人吗？有人在吗？"他们走近房子，大声地问道。

不一会儿，从屋子里走出一位老爷爷。他步履缓慢，佝偻着身体。看到眼前的四人，很是诧异。史密斯爷爷说明来意后，老者热情地邀请他们进屋坐坐。屋子虽然很简陋，但还是在一定程度上起到了御寒的作用。

大家喝着老者提供的热气腾腾的茶，温暖了许多。不一会儿，老者外出了。可过了好一会儿还没回来。史密斯爷爷和孩子们着急了，赶忙四处寻找。果然在不远处的地上发现正艰难喘着气的老者。他们

把老爷爷扶回了家，让他躺下休息。

　　孩子们都吓坏了。"老爷爷，您怎么了？到底是怎么回事啊？"安娜焦急地问。

　　"是啊！史密斯爷爷，怎么回事啊？刚刚还好好的，怎么一下子就这样了呢？"龙龙接着问。

　　"他可能是患了支气管炎，咳嗽得厉害，一时间喘不过气来。"史密斯爷爷向大家解释说。

　　"支气管炎？这是一种什么病啊？"鲁约克问。

　　"它是一种呼吸道感染疾病。得这种病的人，常常伴有咳嗽、发热、气喘等症状。"史密斯爷爷说。

　　"那人是怎么患上这种病的啊？"龙龙问。

　　"一般这种咳嗽、发热的病，就像感冒，主要是由于天气寒冷导致的。天气寒冷，人的抵抗力会变得比较弱。"安娜解释说。

　　"嗯，当然，天气寒冷是一个原因。尤其这位老爷爷患的是慢性支气管炎，在冬天更易发作。另外还有很多因素会导致这种病的发作，比如说大气污染、吸烟等，而病毒感染更是慢性支气管炎发病和加剧的另一个重要因素。病毒感染会造成呼吸道上皮受损，为细菌感染创造条件，引发慢性支气管炎。此外，过敏因素也在一定程度上影响慢性支气管炎的发作。当然，机体本身的因素也是不可排除的。"史密斯爷爷补充解释说。

　　"那到底是哪种病菌直接引发的慢性支气管炎呢？"龙龙问道。

　　"这个问题可太专业了。目前人们普遍认同卡他莫拉菌可能是导致慢性支气管炎突发的最主要病原菌。"史密斯爷爷回答说。

　　"名字好奇怪哦！"鲁约克说。

　　"呵呵，卡他莫拉菌首次发现于19世纪末，位居儿童上颌窦炎、中耳炎、肺炎以及成人的慢性下呼吸道感染最常见致病菌的第3位。近年其发病率更是不断上升，危害不小呢！"史密斯爷爷解释说。

"还不太好对付呢！"鲁约克似有所悟地摇着头。

"治疗起来，贵在坚持。疾病越顽抗，就越要有耐性。"史密斯爷爷语重心长地说。

"爷爷，相对于慢性来说，急性支气管炎又有什么不同呢？"安娜问。

"急性是指未曾出现过这种病症，是突发的。而慢性是指病症反复发作。"史密斯爷爷答道。

"那哪个治疗起来容易些呢？"龙龙问。

"相对来说，急性比较容易治愈，慢性比较顽固。"史密斯爷爷

回答说。

　　"像老爷爷这样应该是比较严重的吧？"安娜望了望又咳嗽起来的老者，问道。

　　"没错，他病得很重，而且应该也有很长的病史了。"史密斯爷爷说。

　　"那怎么办啊？该用些什么药呢？"鲁约克显然着急了。

　　"他这样的情况应属于急慢性迁延期。这阶段的用药应以控制感染和祛痰、镇咳为主，再加用解痉平喘的药物。"说着，史密斯爷爷从包里拿出药来，选了些给老者，让其喝下。"这原本是为了备不时之需，现在竟派上了大用场。"史密斯爷爷的脸上露出欣慰的笑容。

"爷爷，你真是太伟大了！"三个孩子围在史密斯爷爷身旁撒起娇来。

不久后，老者的症状得到了缓解，慢慢地好了起来。史密斯爷爷和三个孩子又重新上路了。

【支气管】

支气管是人体重要的呼吸器官，分布在肺脏之内。人的两肺之间是一根主气管，我们由鼻子吸入的空气都进到这里。主气管有很多分支，深入两旁的肺内，这些分支就是支气管。支气管把氧气送进肺内，与肺内的血管进行交换，把肺内血管中的二氧化碳吸取过来，再把氧气送进肺内血管，就完成了人体的气体交换。全身所有的血液都会流经肺部，参与气体交换。

第七章
可怕的黑死病毒

"啊——"一大早,便传来安娜的惊叫声。被惊醒的史密斯爷爷、鲁约克和龙龙赶忙跑进安娜房间。

"安娜,怎么了?"史密斯爷爷关切地问道。

安娜指指地上，那里有一只死老鼠。

"老鼠啊。"鲁约克叫道。

"爷爷，我早上起来就看到地上有一只死老鼠，吓死我了。"安娜说。

"别怕，我们都在这里。现在把老鼠处理掉吧，再打扫一遍房间，消一下毒。"史密斯爷爷吩咐道。

听后，大家忙碌起来。干完活后，大家围在餐桌旁吃起早餐来。龙龙托着腮帮，眼睛忽闪忽闪，好奇地问："安娜房间里怎么会有老鼠呢？而它又为什么会死呢？"

"我想那只老鼠昨晚一定是遭到了猫的追杀，逃跑中太慌乱，加之光线又暗，一不小心就撞到墙上死了。"鲁约克绘声绘色地描述着他的猜想。

"噗"的一声，安娜笑得捂住嘴："你真逗！"

"史密斯爷爷，我们今天要认识的是哪种微生物啊？"龙龙岔开话题。

"呵呵，既然今天碰上了老鼠，我们就了解了解它身上的病毒吧。"史密斯爷爷答道。

　　"啊？老鼠身上有病毒？史密斯爷爷，我们身上都被传染上病毒了吗？"鲁约克着急地问。

　　"不用害怕，老鼠身上会带有病毒，但并不是每只老鼠身上都有病毒，何况我们今天早上看到的那只是家鼠。"史密斯爷爷答道。

　　"那就是野老鼠身上有病毒喽？"龙龙又问。

　　"也不能这么说，只是野老鼠身上带有病毒的可能性比较大，在历史上几次大的黑死病的传播中，老鼠就是主角。"安娜解释说。

　　"黑死病？什么是黑死病啊？好可怕的名字呀！"鲁约克说。

　　"黑死病呢，通俗点说就是鼠疫。"史密斯爷爷补充道。

　　"那它为什么叫黑死病呢？"龙龙追问道。

　　安娜和鲁约克的脸上也露出不解的神情，等待着史密斯爷爷的回答。

　　"黑死病可是人类历史上最严重的传染病之一。最早是在亚洲的西南部出现的，后来扩散到欧洲。其实，黑死病是当时欧洲的叫法。一些鼠类携带着这种病菌，然后传染给其他的动物或者人类。一旦被传染上这种病毒，就会出现皮肤大量出血、瘀斑、坏死等症状，死后的尸体也呈现紫黑色，于是有了'黑死病'这个名字。"史密斯爷爷耐心地讲解道。

　　"史密斯爷爷，那这种病一定很可怕、很厉害吧？"龙龙再次问道。

　　"这种疾病的危害极大，死亡比例高得让人恐怖。人类历史上

发生过三次可怕的世界性鼠疫，以第二次鼠疫流行为最。据说，在欧洲中世纪时，这种疾病大流行，约有三分之一的欧洲人都是因为黑死病而死的。"史密斯爷爷说。

"我在书上读到过那三次世界性鼠疫。人类历史上的第一次鼠疫爆发在东罗马帝国，由于东罗马帝国横跨欧、亚、非三洲，所以这次鼠疫的传播是世界性的。第二次鼠疫发生在14世纪，当时的人们普遍认为这次鼠疫的病源在中亚细亚周边。后来鼠疫传到欧洲，更糟糕的是，后来欧洲约隔十年就会出现一次鼠疫的高潮期，这次鼠疫持续时间长达七十多年。第三次鼠疫的病源被认为在中国云南，发生在19世纪90年代，结束于20世纪30年代。每次鼠疫的流行，都导致了无数人丧生。"安娜滔滔不绝地说。

"那么恐怖！那鼠疫到底是怎么发生的啊？"鲁约克问。

"这就要说到我们今天要讲的微生物了。鼠疫是由鼠疫耶尔森菌引起的，鼠疫耶尔森菌经皮肤侵入后，经淋巴管至淋巴结，引起剧烈的出血坏死性炎症反应，即腺鼠疫；经呼吸道侵入会引发肺鼠疫；进入血液循环，更会引发原发性败血型鼠疫。"史密斯爷爷讲解道。

"真恐怖啊！"鲁约克失声喊道。

"史密斯爷爷，再讲讲鼠疫耶尔森菌吧！我想了解了解这个危险分子！"龙龙托着腮帮，很认真的样子。

"鼠疫耶尔森菌，是19世纪末才被命名的，俗称鼠疫杆菌，是肠杆菌科的一种，耶尔森菌属。菌体的形状有很多形，比如球形、杆形等。这种菌引起的疾病传染性非常强，死亡率也特别高，很容易就形成一种大流行的趋势。鼠疫耶尔森菌之所以会有致病致死的威力，是因为它菌体含有内毒素，内毒素可引发中毒症状和病理变化。它的毒性非常强，只要几个就能使人致病。"

看了看孩子们的表情，史密斯爷爷接着讲："不过鼠疫耶尔森菌对外界的抵抗力较弱，尤其对热和干燥敏感。所以，日晒、煮烤和常

用消毒剂都可将其消灭。"

"这样啊！"三个孩子似有所悟地点点头。

"可是，我现在还是不太明白，不是叫鼠疫吗？那应该是发生在老鼠身上的呀，人怎么也会患上鼠疫呢？"龙龙挠着头，始终想不通。

史密斯看着他的样子，忍不住笑了，说道："这是因为有一种叫鼠蚤的飞虫，它是鼠疫传播的罪魁祸首。鼠蚤寄居在老鼠身上，老鼠死后，鼠蚤就离开老鼠，咬到人之后，把病毒传给人。"

"哎呀，那刚才我们发现了老鼠，是不是它的身上也有鼠蚤啊？会不会跑到我们身上啊？史密斯爷爷，快告诉我们怎么能消灭鼠蚤吧！"龙龙紧张地叫起来。

"对付鼠蚤还是比较容易的，只要使用杀虫剂就行了！"史密斯爷爷给出了解决办法。

"那我们还等什么，现在赶紧行动吧，把我们房间的墙壁上、角落里以及地面上都喷上杀虫剂，这样，我们才能安全呀！"鲁约克说道。

　　他的话得到了安娜和龙龙的赞同。于是，三个孩子立即行动起来。史密斯爷爷看着三个忙碌的孩子，摇摇头，笑了。

【鼠疫护理·消毒方法】

　　室内地面、墙壁和门窗及暴露的用具：用0.2%至0.5%浓度的过氧乙酸溶液有效氯消毒剂喷雾。作用时间要保持在60分钟以上。

　　室内空气：将房屋密闭后，用2%过氧乙酸溶液气溶胶喷雾消毒，作用时间在30分钟至60分钟。

　　衣物、被褥：耐热、耐湿的纺织品可煮沸消毒，作用时间在30分钟左右，或用流通蒸汽消毒，作用时间在30分钟左右；对不耐热的毛衣、毛毯、被褥、化纤尼龙制品等的消毒，可采用过氧乙酸熏蒸。

　　餐具：可采用煮沸消毒，作用时间15分钟至30分钟；或流通蒸汽消毒，作用时间30分钟。

第八章

致命杀手沙门氏菌病

这一天，史密斯爷爷决定带几个小朋友一起去参观畜牧场。一大早，大家都上了车，一路上有说有笑，十分开心。

"史密斯爷爷，"鲁约克显得很兴奋，只听他迫不及待地问，

"畜牧场有什么好玩的东西吗？我很喜欢喝牛奶，一直想看看那些奶牛究竟是长什么样的呢。它们温顺吗？"

"哈哈！哈哈！"听了鲁约克的话，史密斯爷爷忍不住哈哈大笑起来，"去了就知道了，这些谜底你自己揭晓吧！"

经过几个小时的颠簸，他们终于来到了一家畜牧场。热情好客的牧场主接待了他们。在去参观的路上，几个人又开始了饶有兴致地讨论。

"史密斯爷爷，"好奇心强的龙龙首先提问，"畜牧场为什么要建在市区周边啊？"

史密斯爷爷答道："畜牧业生产出来的奶制品和肉制品主要销往城市，畜牧场建在城郊就能比较方便地向城市运输这些产品。"

"那么，为什么不干脆建在城市里呢？"鲁约克不解地问。

安娜接过话茬，解释道："在城市郊区可以种植牧草和各种农作物，可以就地生产饲料，养起各种牲畜来很方便，而且环境也适宜。"

"平时还是应该多看些书啊！你看，安娜就是比我们懂得多！"鲁约克赞叹道。

　　"是啊，有时间就看看书，积累知识总是好的！"史密斯爷爷慈祥地说。

　　"看书固然重要，但是亲身实践会对知识有更加深刻的理解，还能学到很多书本上没有的东西。爷爷，我们赶快到畜牧场看看吧！"安娜说道。

进入畜牧场后，眼前的景象让他们感到非常吃惊，真是一个其乐融融的动物乐园啊！很多牲畜生活在一个空间里，它们似乎生活得很好，个个都很有活力。见到史密斯爷爷一行，它们就一个劲地叫着，从笼子里伸出脑袋，热情地向他们张望，好像在表示对他们的欢迎，又好像在好奇地询问这些人的来历。

　　这时，好问的龙龙问道："史密斯爷爷，我突然有一个疑问，我们前几天畅游微生物世界，知道病毒的肆虐很可怕，对人和动物都是如此，而在动物聚集的地方疾病就更容易传播了。这里的人让动物们住得这么拥挤，他们就不担心动物们会得病吗？"

　　"是啊，"安娜赞同道，"一旦疾病肆虐起来，畜牧场岂不是会损失惨重！"

　　"我想，一定会有疾病的吧！"鲁约克也严肃起来。

"孩子们，你们说的都很对，"史密斯爷爷说，"从这一刻开始，我们今天的微生物世界探险之旅正式开始了。现在，我们会遇到一种在动物世界常见但又很可怕的病毒。我们人类要保证畜牧业的稳定，就必须同这种病毒不屈不挠地作斗争。今天我们就来见识一下这种病毒，也要学习一下人类在和它斗争的过程中所获得的宝贵经验。"

　　"好啊，好啊！"听后，孩子们欢呼起来。

　　"它便是沙门氏菌属，由于是1885年沙门氏等在霍乱流行时分离得到的，故有此名。沙门氏菌属肠杆菌科，革兰氏阴性肠道杆菌，属于兼性厌氧菌。沙门氏菌属有的只对人致病，有的只对动物致病，也有的对人和动物都致病，引发的疾病统称为沙门氏菌病。"史密斯爷爷介绍说。

　　"那么怎么辨别动物是不是得了沙门氏菌病呢？"安娜问。

"这种病有很明显的特征。"史密斯爷爷缓缓地说，"在人群里患这种病的人一眼就能被认出来，因为他们个个面黄肌瘦。"

"那么，动物们也会面黄肌瘦、无精打采吗？"鲁约克好奇地问。

"当然了，在这点上，动物和人是没有区别的！"安娜说。

"快看，那些动物是不是患病了？"突然鲁约克表情凝重地大叫道。

几个人听到叫声都大吃一惊。他们向不远处望去，果然看到几只瘦弱不堪的牛被隔离在一边，和它们那些健壮的同伴离得很远。它们

无精打采地站在那里，脸上的表情满是疲
倦和痛苦。它们立在一个地方，几乎一动不动，瘦骨嶙峋的身体就像
木刻一般，除了时不时转动的眼珠外，再没有生命的迹象。偶尔在畜
牧场的工作人员来喂食时，它们会慢悠悠地稍微挪动一下，迈出软绵
绵的步子，从鼻孔里发出一阵阵低缓、沉闷又凄厉的叫声。

　　"难道这就是得了沙门菌病的症状？"龙龙表情严肃地问道。

　　"对！"史密斯爷爷看着他说，"得了这种病的家畜一般会表现
为拒食、沉郁、活力降低。"

　　"这种病毒的致病原理是什么呢？我们如何与这种病毒作斗争
呢？"安娜追问道。

　　"人得病了就要吃药嘛，恐怕动物也不例外！"龙龙小大人似的
说，"关于治疗和防止这种病毒的药肯定是有的。而且，我敢肯定，
这些瘦骨嶙峋的牛一定还在治疗当中，一般它们吃的药都是掺在食物
里的。"

"病人养病需要一个安静的环境，患病的动物也需要安静的环境吧？"鲁约克问。

　　"应该是这样的。你没看出来，那些生病的牛隔离的地方与其他的牛生活的牛棚不一样吗？"细心的安娜说道。

　　"那还用说！"龙龙不服气地说，"得病的个体都要被隔离。所以，生病的牛住的地方一定是跟外界隔离的！"

　　"其实，动物们会得这种病是跟环境密切相关的。"史密斯爷爷说，"很多情况下，由于饲养员饲养不当，就会导致沙门菌病大规模泛滥。动物们受寒、伤风再加上生活的牛棚对它们的保护不够等等，

都会导致动物们患上这种病。"

"我平时都以为动物们能在野外生存，身体很好呢！没想到它们也这么娇贵！"鲁约克说。

"孩子们，别愣着了，事不宜迟，赶紧跟病毒进行战斗吧！"史密斯爷爷说道。

于是，几个人开始帮助畜牧场的工作人员检查动物，给动物们配药，帮助兽医给牲畜们治病，场面很是忙碌。

一天下来，还真是充实呢。带着欢笑，史密斯爷爷和三个小伙伴一行告别了畜牧场。

【畜牧业】

畜牧业是农业的一种，具体指的是以饲养牛羊等家畜，并以获得家畜产品为目的的农业生产。畜牧业的主要产品是皮革、肉类和奶制品。畜牧业的经营方式是多种多样的，有放养的，比如我国内蒙古地区的畜牧业，就是选择一块水草肥美的地方让牛羊在那里随意吃草。有集中饲养的，像很多养牛场，它们就是把牛集中起来饲养，集体管理牲畜们的进食、卫生等。还有一种形式是把两种模式混合起来，分时段放养或集中饲养。

第九章
与肺结核病魔战斗

这一天，史密斯爷爷一行前往非洲一个贫弱的小村子。在那里，他们要在医疗条件极其差的情况下，与可怕的微生物进行不屈不挠的

斗争。他们奇妙的微生物世界探险之旅将在那里继续。

经过一段时间的长途跋涉，他们终于接近目的地了。一路上景象十分萧条。路上很少看到行人，偶尔会看见瘦弱的老人和孩子，他们穿着极其简朴的衣服。路面崎岖不平，周围都是茂密的丛林草原，一些动物还时不时地窜到路上，和行人打招呼。能够看得出，这样的情况当地人已经习以为常了。不过，初到这里的外地人——史密斯爷爷和孩子们见到此种情状，着实吃惊不小。

孩子们除了感到害怕之外，更好奇这些看起来野性十足的动物们怎么敢公然闯入人的生活领地，还能和人其乐融融地相处。

孩子们很快就适应这里的环境了。他们会同

跟出来的动物问好，也会和它们开玩笑。然而，史密斯爷爷却一言不发。

看着史密斯爷爷这样反常，几个孩子都大惑不解。"史密斯爷爷，您在想什么啊？"鲁约克问。

"爷爷，您是在为这里人的生活境况担忧吗？这里的人生活十分贫困，仍旧过着原始人的生活，我看着也很痛心。"善解人意的安娜说道。

"还不仅仅是这一点。"史密斯爷爷说，"仅是贫困还好说，我担忧的是这里疾病肆虐的状况。这里医疗条件非常差，连肺结核在这里都是不治之症。年轻力壮的人都逃到其他地方去了，只留下老人、孩子这些毫无劳动能力的人。我做了一些了解，知道这里的肺结核病很严重。看来，我们接下来的微生物世界探险会很艰难。"

"没关系的，我们都做好准备了。"三个孩子表明了自己的决心。史密斯爷爷看着这群可爱的孩子，点点头，欣慰地笑了笑。

当晚，他们寄宿在村长家里。吃过晚饭，在村长家院子的篝火堆旁，几个人又聊到了肺结核。

"肺结核，顾名思义，是指在人的肺内滋生的一种疾病，恐怕会引起很严重的呼吸道感染吧！"安娜首先发言。

"对！"史密斯爷爷说，"一般肺部疾病都会影响到呼吸道。而

肺结核病的传播还跟呼吸道有关。"

"难道肺结核是通过空气和飞沫传播的？"龙龙问。

"没错。"史密斯爷爷赞许地点点头。

"那么，得这种病的人会有什么症状呢？"鲁约克问。

"这个跟发烧感冒有点类似。患者会感到头昏脑涨，心跳加快，四肢无力，缺乏活力，呼吸急促等等。不过，属于肺结核病的一个显著特点就是肺部和呼吸道会特别难受。"史密斯爷爷讲解说。

"这种病又是怎么发生的呢？"龙龙问。

"它是由结核分枝杆菌引发的。结核分枝杆菌的传染源主要是排菌的肺结核患者，主要通过呼吸道传染。"

"结核分枝杆菌是我们今天要认识的微生物吗？"安娜问。

"对，结核分枝杆菌是结核病的病原菌。我今天就要给你们讲讲它。"史密斯爷爷说，"结核分枝杆菌，俗称结核杆菌，是一种细长略带弯曲的杆菌，属于专性需氧菌。它具有抗酸和抗酸性酒精脱色的特点，故又叫抗酸杆菌。

　　"结核分枝杆菌可侵入人体全身各个器官，不过最常见的是肺结核。至今肺结核仍为重要的传染病，许多人深受其害。"史密斯爷爷叹了口气。

　　"史密斯爷爷，"鲁约克问道，"肺结核病真的很难治吗？"

　　"结核分枝杆菌在人体内潜伏得很深，表现出的症状都只是表象。随着时间的推移，这种症状会逐渐加剧，最终达到人体所能承受的极限。一旦到了这个时候，人就会有生命危险了。"史密斯爷爷说。

"那我们应该怎样与结核分枝杆菌战斗，解救这里的人呢？"龙龙问道。

"首先要保护好自己，千万不能被病毒感染。"史密斯爷爷表情严肃地说，"药物有限，对药物的使用要有计划，它是我们的'武器'。"

"嗯。"几个小朋友听后，纷纷点头。

"史密斯爷爷，还有什么要交代的吗？"龙龙问。

"还有就是要做好预防与保健，注意生活环境的清洁与卫生。"史密斯爷爷答道。

"那就是说，要隔离易感人群，控制疾病传播，注意食物和水的清洁，在照顾病人时要格外小心是吧？"安娜问。

　　"嗯。"史密斯爷爷点点头。

　　第二天，他们准备好了药物和必需的医疗器械，做好了与结核分枝杆菌作斗争的准备。

　　他们的第一步就是要对整个村子里的情况做一些调查了解。于是，几个孩子就跟着史密斯爷爷挨家挨户走访。

　　他们看到的每户人家都有人存在不同程度的咳嗽、手脚冰凉、全身无力等状况。随着走访人数的增多，史密斯爷爷的眉头渐渐紧锁起来。

　　"看来这里的情况很严重啊！"史密斯爷爷表情凝重地说道。

"这究竟是怎么回事呢？"安娜想，"我看到这些人尽管都有一些咳嗽的情况，但情形看起来也不是很严重啊，我觉得他们都很正常的。爷爷，为什么您还要唉声叹气呢？"

　　这时，陪同他们走访的村主任跟他们讲，在最近几年里，肺结核爆发了好几次。每一次爆发前村子里都像现在这样看似风平浪静，然后就听到一些人不停地发烧、咳嗽，一连好几个星期也不好，然后就有人死亡。接下来，这种症状在大量的人身上出现，在很短的时间里，就会有很多人死掉。

　　"你们为什么不去买药呢？"鲁约克不解地问。

　　"这里太偏远，去城里很不容易，再说药品也很贵呀！"村主任无奈地说。

"病毒大范围肆虐却没有药品，那真是太可怕了！"安娜说道。

"现在，正是结核分枝杆菌肆虐的前兆。我们加紧预防，争取打赢这一仗。"史密斯爷爷说。

村主任听了史密斯爷爷的话，眼中放出光来。

第二天，史密斯爷爷一行和村主任一起来到了几个病情比较严重的人的家里，给他们带去了药品，叮嘱他们要按时吃药。

通过几天的走访和治疗，很多人的病情都已经得到了很好的控制，重病患者也被隔离起来。有限的药品在史密斯爷爷他们的努力下发挥了最大的功效。

第十章

"破伤风"细菌

史密斯爷爷一行人继续在非洲大陆上旅行。不过，他们似乎遇到了一点麻烦。他们前面没有路了，前方是郁郁葱葱的灌木丛，荆棘密布。

"看来，我们接下来不知道要往哪里去了！"龙龙无可奈何地耸耸肩，说道。

　　"不如我们

下车步行吧。"鲁约

克说，"灌木一般不太高大，要闯

过去也很容易。我坐车也坐累了，正

想下去走走呢！"

　　"我也正有此意！"龙龙说。

　　"可要是我们被划伤怎么办？"安娜担心地问。

　　"这可能是目前唯一可以继续前进的方法了。"鲁约克说，"只

有这样我们才可能走到灌木丛的那边去。而且，一点小伤算不了大

事，有很多时候是无关痛痒的……"

　　"这可不对！"史密斯爷爷打断了鲁约克，"不要轻视小伤口，

小伤口如果不及时处理的话，也是会有生命危险的哦！"

　　"是真的吗？"鲁约克担心地问道。

　　"嗯。"史密斯爷爷表情凝重地点了点头。

　　"可那又是为什么呢？"龙龙问道。

　　"这肯定与无所不在的微生物有关吧！"安娜说。

　　"安娜说得对。"史密斯爷爷说道，"我们不能轻视了这些我们看

不到的极其微小的生物。它们可以给人类带来益处，也可以酿成灾难。

有一种细菌一旦在人的细小伤口中滋生起来，就会带来生命危险！小朋友们，你们知道这种细菌是什么吗？"

"难道是破伤风？"龙龙问。

"对！"史密斯爷爷笑着点点头。

"我有一个疑问。"鲁约克说，"对于整个人体来说，我们身上的一个小小的伤口是那么微不足道。就算有细菌感染，也只是影响到身体局部一小块，怎么会让人的生命都受到威胁呢？"

"那恐怕是这种病菌很特别吧！"安娜揣测道。

"对！"史密斯爷爷说，"我们千万不要小看微生物的力量。正是因为他们形体微小，所以才能无孔不入，在不知不觉中进入人体，夺去人的生命。破伤风杆菌可以在人的伤口处寄生。这种病毒在新陈代谢的时候，会放出一种毒素，这种毒素会随着血液流动而进入人体，渗透入人的神经中去。而这种东西一旦进入人的神经，就会产生很强的毒害作用，让人的神经系统中毒并渐渐陷于瘫痪。而一旦没有了神经系统的指挥，人的一切生命活动就会停止。"

　　"这么可怕！"鲁约克说。

　　"所以，贸然进入灌木丛是不行的。"史密斯爷爷语重心长地说，"进入灌木丛肯定会留下很多小伤口，而它们一旦被破伤风杆菌

感染，后果将是十分严重的！"

"可是，"鲁约克不解地问，"在日常生活中我们也会受伤。在手臂、胳膊上留下一些小伤口更是常有的事，那为什么还有那么多人没有得破伤风呢？"

"这和对伤口的处理也有很大的关系。"安娜解释说。

"你的意思是……"龙龙问。

"受伤之后要尽快处理伤口。"史密斯爷爷说，"及时对伤口进行清洗就能有效地防止破伤风杆菌的侵入。"

"那仅仅处理伤口就可以了吗？"龙龙问。

史密斯爷爷解释说："裸露的伤口会接触到各种各样的细菌，但只有其中的一种有致命的危险，那就是破伤风杆菌。"

伤风病毒

环进入人体

神经系统

　　"所以说不能让伤口接触到破伤风杆菌。"龙龙说。

　　"对！"史密斯爷爷赞许地点点头，"灌木丛里一些阴暗潮湿的地方，正是各种微生物滋生的地方，进去之后会非常危险。"

　　"史密斯爷爷，再来讲讲我们今天要认识的主角破伤风杆菌吧！"龙龙说道。

　　"呵呵，好，讲讲！"史密斯爷爷说，"破伤风杆菌大量存在于人和动物肠道中，由粪便污染土壤，后侵入伤口引发疾病。破伤风杆菌属于专性厌氧菌，在一般伤口中不能生长。而一旦伤口提供的是

厌氧环境，比如伤口窄而深，有泥土或异物污染，或有大面积组织坏死，如创伤、烧伤，它就会迅速生长。"

"那看来我们是过不了这片灌木林了。"鲁约克说。

"我觉得当地人可能会有办法。"安娜说。

正说着，灌木丛中走出两个小伙子。他们有着黝黑的皮肤、大大的眼睛、厚厚的嘴唇，头发蜷曲着，这些完全符合非洲人的特征。两个小伙子似乎在互相埋怨，一个责怪另一个不应该太冲动，一个却不服气。总之，两个人看着很不高兴。

再走近些，他们注意到那两个年轻人中的一个人身上有一道深深的伤口，伤口还在不停地往下滴着血。见到此种情状，几个热心的小朋友赶忙拿出了他们处理伤口的药品、纱布，给受伤的小伙子包扎。

"谢谢你们！"受伤的人感激地说道。

"还不是你冲动，非要跑进灌木丛，现在受伤了吧，要是得了破

冲动易怒

心跳加快

容易猝死

伤风可怎么办呀！"另一个小伙子面带忧色地说。

听了两人的谈话，孩子们一头雾水。仔细了解后，他们得知受伤的人是没受伤的人的表弟，他是来这里看望表哥的。不过因为被灌木丛挡住了路，本来是应该等着表哥来接的，结果他一时冲动，自己闯进了灌木丛，就留下了这个伤口。

听到这里，龙龙有了一个疑问，他问那位表哥道："难道你来接表弟就能让他不受伤吗？而且为什么你过灌木丛没受伤？"

听后，年轻人答道："我们这里一直流传着一个故事。说这片灌木林是魔鬼种下的，人一旦走进去，被灌木丛的枝干划伤，就会丧命。要通过灌木丛最好的方法是绕到河边。我们平时都是走河边的那条路，只是我表弟不了解情况。其实，我们现在都知道了，人闯进灌木丛受伤后会很快毙命，是破伤风杆菌作的怪。灌木丛中有一条小路

四肢无力

全身抽搐

很难走，一般没人走，我们都是走河边。刚刚，我就是通过小路找到表弟的。"

"河边有路？太好了。"安娜开心地说。

"不过，我还有一个问题，史密斯爷爷，是不是得了破伤风就必死无疑呢？"龙龙问。

"当然不是。"史密斯爷爷回答说，"不过破伤风治疗起来很麻烦。而且，患病的人也会比较痛苦。"

"那么，得了破伤风的症状是什么呢？"安娜问。

"我知道，"那位表哥抢着说，"这种事情我见得多了，得了破伤风之后就会全身抽搐，心跳加快，四肢无力，并且非常冲动易怒。

这个时候，一定不要刺激患者，因为他一旦受了刺激就会心跳加快，很容易猝死。"

"呵呵，说得没错！"史密斯爷爷说道，"你赶快带着你的表弟去看医生吧，祝他好运！"

跟小伙子们挥手告别后，史密斯爷爷一行又再次启程了！

【灌木】

灌木是没有明显主干、呈丛生状态的木本植物。植株比较矮小，一般在3米以下。灌木都是多年生，一般为阔叶植物，也有一些针叶植物。常见的灌木有玫瑰、杜鹃、牡丹、小檗、黄杨、沙地柏、铺地柏、连翘、迎春、月季、荆、茉莉、沙柳等。

第十一章

随处可见的细菌感染

这一天，史密斯爷爷说要带大家去野外考察，三个孩子立马开始紧锣密鼓地做起准备。

鲁约克想着有时间可以写写生，就做起写生的准备。他拿起小刀削铅笔，可一个不小心，把手划破了。一阵疼痛后，他的手上留下了

一道不长的伤口，流了一点血。鲁约克也没太在意，觉得这样的事很平常，并没有对伤口进行处理。由于还有很多事情要做，他就忙别的事情去了。

很快，几个人就做好了野外考察的一切准备，然后他们兴致勃勃地走向了野外。

就在几个人背着背包走在路上时，鲁约克突然感到手上一阵疼痛。他赶紧把手抬起来查看，惊讶地发现，手上的那道细小的伤口肿了起来，伤口四周的皮也绽开了。

"史密斯爷爷，您看看我的手怎么了？"鲁约克给史密斯爷爷看自己的手。

史密斯爷爷看后，对他说道："是细菌感染。注意少用受伤的手接触东西，很快就会好了的。"

"可是，它真的很疼啊！"鲁约克委屈地说。

"微生物可真是无处不在啊！"安娜感慨地说。

"那细菌感染的危险大吗？"龙龙也问道。

"基本上没有什么危险。"史密斯爷爷回答说，"细菌感染在生活中是常见的事，这儿或那儿划伤、碰伤是很平常的。我问问你们，你们知道鲁约克手上的伤口为什么会红肿吗？"

"肯定是细菌在伤口处滋生了吧！"安娜说。

"嗯。"史密斯爷爷点了点头。

"难道仅仅细菌在伤口处滋生就能引起红肿吗？我看不出它们有什么必然的联系啊。"爱较真的龙龙不解地问道。

"呵呵，单从字义上是看不出两者之间的联系的。"史密斯爷爷

说，"当细菌入侵时，我们的身体也是要防御的。你们听说过人体的免疫系统吗？"

"没有。"几个人同时摇了摇头。"爷爷，给我们讲一讲吧！"

"我们的血液中有一种特殊的血细胞叫作白细胞，它们充当着人体的'卫士'。在细菌入侵时，它们就会'挺身而出'，将细菌聚集的地方包围，然后它们就会释放出一种叫作'酶'的特殊蛋白质将细菌溶解掉，与细菌'同归于尽'。伤口之所以会出现红肿现象，就是因为白细胞和细菌的残骸留在了伤口处。

"嗯，原来是这么回事。"龙龙说。

酶

细胞

"原来，细菌感染也不过如此嘛，只是有点疼痛而已。"鲁约克说。

"可不能小看细菌感染。"史密斯爷爷告诫道，"小伤口感染只是细菌感染的一种，是一种十分轻微的情况。严重的细菌感染很有可能夺去人的生命呢！"

"真的有这么可怕吗？"安娜问道。

"难道你不知道很多疾病都是由细菌感染引起的吗？"龙龙问。

"知道啊，那又怎么了？"安娜问。

"人体的皮肤可以保证细菌不能轻易地进入人体，而一旦有了伤口，那就相当于在这道防线上为细菌开辟了一条'通道'。而一些致命的细菌一旦由此进入人体，就会给人体带来巨大伤害。"史密斯爷爷说。

"而且，"龙龙补充道，"伤口面积越大，与细菌接触的机会就越多，也就越危险。"

"嗯。"史密斯爷爷听后点了点头。

几个人一边说一边走，不知不觉间他们来到一座山前，山上长着郁郁葱葱的树木。看到此景，孩子们都兴奋不已。很快，他们就走进了山林。

走着走着，前面突然出现一个人。那个人腰间系着一把斧头，身上背着一捆柴，虎背熊腰的，显得很彪悍。然而这个看上去力量很大的人，走起路来却很缓慢，根本不是一个中年汉子应有的正常步伐。

不一会儿，他停在不远处的一块大石头上休息。几个人可以清楚地看到他脸上的表情十分痛苦，额头上沁出了汗珠。

"叔叔，你怎么了？"善良的安娜上前关切地问道。

"小朋友，"那个人答道，"我是这附近的村民，平时就在山里砍柴，以此为生。今天砍柴的时候不小心从山崖上摔了下来，不仅扭了脚，腿上也受伤了，我简单地包扎了一下，想尽快赶回家，可不想伤口太疼，我只能走走停停。"

"伤口要小心感染啊！"史密斯爷爷提醒他道。

"那没有什么关系吧。"那个人回答道，"这种情况在我们这里是常有发生的，回家敷点草药，休息几天就没事了。"

"难道你们就不对伤口做进一步的检查吗？"安娜不解地问。

"是些小伤，又不是什么大病，还要检查什么？"那个人说道。

"你不怕细菌感染吗？那会很痛苦的。"鲁约克深有感触地说道。

"感染？什么是感染？"那个人表现出吃惊的样子。

"叔叔，长时间不对伤口进行处理是不是会出现阵痛或者红肿的情况？"龙龙问。

"是啊！"那个人答道。

"这就是细菌感染啦。"龙龙说，"随着时间的推移，伤口变得更加严重的情况就是细菌感染。"

"哦，那应该怎么预防细菌感染呢？"那个人问。

"及时处理伤口，赶快清洗包扎就能在一定程度上避免。"安娜答道。

待大叔休息好后，几个人和大叔一起踏上了归程。一路上，他们攀谈起来。

"叔叔，细菌感染是无处不在的。原本受伤后伤口会很快好起来，但细菌的感染却会使得伤口红肿起来，拖延伤口愈合的时间呢！"安娜说。

"还真是呢。"那个人回答道，"我们生活在山区，都是靠山吃饭，平时受伤的情况很常见。只是有些时候，伤口不会那么容易愈合，耽误了工作，自己也很痛苦。"

"这就是很多人不注意对伤口的处理，或者根本对受伤一点都不在意导致的。"史密斯爷爷说，"就算有再好的医疗条件，人没有这种防护的意识也是不行的。"

"其实我们也不是很了解细菌感染的危害程度，史密斯爷爷，您给

　　我们讲一讲吧！"龙龙说。

　　"细菌感染并不是让伤口红肿那么简单。细菌可以进入人的血液循环系统，从而入侵人的全身。有很多细菌是有毒的，入侵人体后就会麻痹人的神经系统，损害人体的正常功能，甚至夺走生命。"史密斯爷爷说道。

　　"太可怕了！"安娜应道。

　　"所以，微生物世界探险之旅也并不是一帆风顺的！"史密斯爷

血液循环系统

麻痹神经系统

爷说。

"那么，我们应该怎样走好这段特殊的微生物探险之旅呢？"龙龙问。

"微生物的种类多种多样。我们能做的就是认识它们、了解它们，学会正确地对待它们。尽管有些微生物很可怕，但我们还是能够用正确的方式对待它们，使它们不能对我们造成伤害。这就是我们对微生物世界探险的意义。小朋友们，你们明白吗？"史密斯爷爷问。

史密斯爷爷的一番话在小朋友们的心中引起了共鸣，他们信服地点了点头，个个陷入沉思。

"我觉得，"安娜说，"微生物世界是一个奇妙的世界。很多微生物是我们肉眼看不到的。在进行微生物世界探险之前，我们需要做的就是了解它们，这样才能采取正确的方法对待它们。"

"嗯，你说得对，"史密斯爷爷说，"下面我们要遇到的恶魔就是可怕的细菌感染。细菌感染的危害是很大的，你们做好准备了吗？"

"嗯。"三个人不约而同地点了点头。

于是他们一行人来到山民大叔所在的村子。他们走访了很多人家，向他们宣传有关细菌感染的知识，并且向他们讲解正确对待细菌感染的重要性。

在帮助村民处理伤口的过程中，三个小伙伴都意识到了认识微生物世界的重要性。他们正在和看不见但数目却成千上万的"敌人"——微生物作斗争，这场斗争取胜的关键就是"知己知彼"。当看到自己的努力，使得原来很严重的伤口感染、溃烂痊愈，孩子们真心地感到快乐。

告别村子，史密斯爷爷一行又赶着认识其他微生物去了。

【病毒感染】

病毒感染指能在人体寄生繁殖，并能致病的病毒引起的传染病。临床表现是发热、头痛、全身不适等全身中毒症状及病毒寄主和侵袭组织器官导致炎症损伤而引起的局部症状。

【真菌感染】

真菌感染引起的疾病称为真菌病，其中发病率最高的是念珠菌病和皮肤癣菌病，它们都是由人体正常菌群的真菌引发的。主要表现有寒战、高热、皮疹、关节痛及肝脾肿大，部分可有感染性休克。

第十二章

走近浮游生物

又是一个美丽的早晨。太阳公公懒洋洋地睁开眼睛，照耀着大地，鸟儿叽叽喳喳地唱着歌。

"孩子们快看，我们到海边了。"史密斯爷爷微笑着对大家说。

"我快累死了，走这么远的路。大海有什么好看的，我在电视上都见过了，不就是蓝色的海水，还有很多鱼吗？"鲁约克打着哈欠，好像还没从睡梦中醒来。

"哇，好漂亮的大海啊！还有海鸥，还有日出，我只有在画上看

见过海上日出，真的好美好美！鲁约克，龙龙，你们快看呀！"安娜高兴地向沙滩跑去。

"看，那边有一块好大的石头。我们去那边玩。"龙龙提议。

"走吧。"鲁约克终于有了精神。史密斯爷爷、龙龙、安娜和鲁约克一起走到那块一半在岸上、一半延伸到海中的岩石那儿。

"咦，这是什么？"安娜指着岩石上的紫色的像水草一样漂浮的东西问道。

"来，让我看看，我一定知道。"鲁约克自信满满的往安娜手指的方向看去。

"这不就是水草吗？河里、小溪里到处都是。"鲁约克判断说。

"我觉得它不像是水草，但是我也不知道它是什么东西。史密斯爷爷，这是什么呢？"龙龙问。

"这的确不是水草，它是紫菜。"史密斯爷爷微笑着答道。

"紫菜也是蔬菜吗？可以吃吗？"鲁约克问。

"你真是个小馋猫，就知道吃……"安娜和龙龙正准备嘲笑鲁约克。

"鲁约克的问题问得很好。紫菜被称为'海洋蔬菜'，确实是可以吃的，而且它和韭菜一样，是可以反复收割的。第一割的叫第一水，第二割的叫第二水，以此类推。其中第一水的紫菜也叫初水海苔，特别细嫩，营养也比较丰富。你们一定都喜欢吃海苔吧？其实海苔就是用紫菜加工制成的。"史密斯爷爷讲道。

三个孩子认真地听着。

"我想起来了，有一次妈妈给我做紫菜汤，说营养很丰富，她说

的紫菜就是这个？"鲁约克问史密斯爷爷。

"就是它。紫菜富含蛋白质、多糖、各种氨基酸、脂肪、维生素、无机盐等物质，营养价值很高的。你们以后喝紫菜汤时一定要告诉其他人它的价值，让人们知道喝紫菜汤的好处。"史密斯爷爷摸着鲁约克的头说道。

"嗯，我们一定告诉他们紫菜的好处。"安娜、鲁约克和龙龙齐声回答道。

走下大石头，他们沿着沙滩继续往前走，沿途欣赏着美丽的海景。

"这是什么气味？好臭！"龙龙用手捂着鼻子。

"一定是死鱼，有一股腥臭味。"鲁约克四处张望着，希望能找到一条死鱼来证实他的猜想。可是什么鱼也没看见，只是发现海边的水是墨绿色的。鲁约克好奇地走到海边，把手伸进海水里，一股更加浓烈的腥臭味扑鼻而来。当他把手收回来的时候，发现自己的手指也变成了墨绿色。

"史密斯爷爷，你们快来看这是什么？"鲁约克大声招呼史密斯爷爷、龙龙和安娜，就好像自己发现了什么大秘密一样激动。

龙龙和安娜跑得快，一下子就到了鲁约克身边。"你在这干什么呢？手怎么是绿色的？好好玩呀。"龙龙和安娜咯咯地笑着。

过了一会儿，史密斯爷爷也走了过来，他看到鲁约克的手也笑了。

"史密斯爷爷，这是什么？怎么把海水染成了绿色，还有一股怪味？"鲁约克抬着那只绿手问。

“这是蓝藻。”史密斯爷爷回答道。

“那么蓝藻是不是也和紫菜一样，可以当作蔬菜吃呢？”安娜思索着问道。

“我觉得不能，它们好臭，肯定不能吃。”鲁约克接话说。

“呵呵，蓝藻的确不能吃。你们中有谁知道蓝藻的，或者对它有些认识？”史密斯爷爷和蔼地问道。

安娜、鲁约克和龙龙你看我，我看你，最后都摇了摇头，等待着史密斯爷爷给他们讲蓝藻的情况。

“在所有藻类生物中，蓝藻是最简单、最原始的一种。其标志便

是单细胞、没有以核膜为界限的细胞核（即真核）。但细胞中央含有核物质，该核物质没有核膜和核仁，不过具有核的功能，故被称为原核或拟核。"讲至此，史密斯爷爷停顿了一下，看看孩子们有没有问题，不过见他们都听得津津有味，便又讲起来，"蓝藻是单细胞原核生物，又叫蓝绿藻、蓝细菌，但不属于细菌，也不是绿藻，它是一类藻类的统称。所有的蓝藻都含有一种特殊的蓝色色素，蓝藻就是因此得名。不过并不是所有的蓝藻都是蓝色的，不同的蓝藻也含有一些别的色素，比如叶绿素、叶黄素、胡萝卜素、藻蓝素、藻红素等。常见的蓝藻有蓝球藻，也叫色球藻、念珠藻、颤藻、发菜等。"

"爷爷，蓝藻既然是单核生物，那不就应该是用肉眼看不到的吗？"安娜质疑道。

"没错，所以我们看到的蓝藻都是它的细胞群形

式。"史密斯爷爷解释道，"蓝藻大量出现时，会在水面形成一层蓝绿色且有腥臭味的浮沫，这一自然生态现象被称为'水华'。大规模的蓝藻暴发会引起水质恶化，严重时更可耗尽水中氧气，造成鱼类死亡。而更为严重的是，蓝藻中有些种类还会产生毒素，它在水体中漂游，除了直接对鱼类、人畜产生毒害之外，还可诱发肝癌。"史密斯爷爷指着墨绿色的海水说："你们看，这些水已经被海藻覆盖了。所以刚刚鲁约克闻到的怪味就是从这里发出来的。"

"那为什么只有这个地方有蓝藻，刚才我们走过的地方都没有呢？"龙龙问。

"受其他藻种的生长制约，蓝藻并不可能在常温条件下大规模爆发。当水温在25℃～35℃之间时，蓝藻的生长速度才会比其他藻类快，所以温度是蓝藻暴发的主要因素之一。此外，水体的富营养化，也会为蓝藻的生长提供便利，所以不经常换水的池塘往往更容易爆发蓝藻。"史密斯爷爷指着沙滩那边的一个小屋说，"这里有人养鱼，人在喂

鱼的时候容易留下许多营养物，这也就导致了这里比其他地方更容易产生蓝藻。"

"爷爷，您刚才说有些蓝藻会产生毒素，那它有没有什么用途呢？"安娜问。

"呵呵，当然有了！它的一大用途便是指示环境，告诉我们环境出现了问题。根据这些知识，我们就会采取相应措施，解决这些环境问题。还有，蓝藻暴发导致的水华丰富程度和群落组成有着密不可分的关系。浮游植物的减少或过度繁殖，将显示那片水域水质干净还是正趋向恶化。例如湖泊或水库浮游植物数量的增加，特别是蓝藻

的丰长和生长季节的延长就是湖泊或水库富营养化的一个重要标志。这个时候我们的环保人员就会想办法搞好环境，避免环境的进一步恶化。"史密斯爷爷说道。

听了史密斯爷爷的话，安娜、龙龙和鲁约克在想：每个事物都有好的一面和坏的一面，我们不能够因为它有坏的一面就把它归为坏的东西，我们也应该清楚它的好处。就像我们在日常生活中不应该因为某个人的缺点就疏远他，而应该去发现他的优点，互相学习，才能够一起进步。

时间过得真快，太阳公公拖着疲倦的身子慢慢躲进了西边的山里，鸟儿们也回家去了。

"今天真开心，大海真美，我们还认识了紫菜和蓝藻。大海那么大，一定还有很多很多我们不认识的东西，可惜天快黑了，什么也看不到了。"安娜望着西边快落山的太阳说。

"是呀，是呀，史密斯爷爷，我们明天还来海边好不好？"龙龙和鲁约克用急切的眼光看着史密斯爷爷询问道。

"不要着急，待会儿还有更好看的东西。我们先到那个小木屋休息一会儿。"史密斯爷爷微笑着带领大家往小木屋走去。

等到星星眨着眼睛出现在黑色天空的时候，史密斯爷爷、鲁约克、龙龙和安娜从小木屋里走了出来。

"一闪一闪亮晶晶，满天都是小星星，挂在天上放光明，好像许多小眼睛……"鲁约克欢快地唱起了歌。

"龙龙，是不是海里也有闪闪的星星呢？"安娜好奇地问。

"不会吧，星星都应该是在天上的。"龙龙回答说。

"那海里那些一闪一闪的会发光的东西是什么呢？你快看。"安娜指着海里那若隐若现的亮光说。

龙龙和安娜走近了看，那些亮亮的东西依然在发光。他们都惊呆了，这是什么东西呢？能够发光，很漂亮，又像鱼儿似的在水中游动着。

"你们在看什么呢？"鲁约克问。

“你快看，一闪一闪会发光的东西，在海里。”安娜说。

“我也看见了，这是什么，史密斯爷爷？”鲁约克问道。

“这是水母，是一种低等的海产无脊椎浮游动物，在分类学上隶属腔肠动物门。你们知道吗？水母的出现比恐龙还早，可追溯到6.5亿年前。”史密斯爷爷讲解道。

“哇，原来夜晚的水母这么漂亮啊！”鲁约克感慨道。

“爷爷，水母为什么会发光呢？”安娜问。

“水母发光靠的是一种叫埃奎林的蛋白质。这种蛋白质遇到钙离子就能发出较强的蓝色光来。”史密斯爷爷解释道。

“孩子们，跟水母再见吧！我们回去了。”史密斯爷爷说道

三个孩子对着一闪一闪的海水挥手。

他们一行四人慢慢离开沙滩，走向更为神奇的世界。

【蓝藻大事件】

2007年5月28日，无锡太湖区域蓝藻大面积暴发，导致无锡市自来水严重污染，对市民的生活造成了很大的影响。

2010年11月29日，云南昆明滇池蓝藻大量繁殖，在滇池海埂一线的岸边，湖水犹如绿油漆一般，滇池遭受严重污染。

2011年8月21日，受持续高温影响，安徽巢湖局部湖面蓝藻开始兴风作浪，出现较大面积蓝藻集聚。